BEI GRIN MACHT SICH IHR WISSEN BEZAHLT

Benjamin Kober

Das Konzept der Biosphärenreservate

Theorie und Praxis

GRIN Verlag

Bibliografische Information der Deutschen Nationalbibliothek:

Die Deutsche Bibliothek verzeichnet diese Publikation in der Deutschen National-
bibliografie; detaillierte bibliografische Daten sind im Internet über http://dnb.d-
nb.de/ abrufbar.

Impressum:

Copyright © 2006 GRIN Verlag GmbH
Druck und Bindung: Books on Demand GmbH, Norderstedt Germany
ISBN: 978-3-638-85172-5

Dieses Buch bei GRIN:

http://www.grin.com/de/e-book/78755/das-konzept-der-biosphaerenreservate

GRIN - Your knowledge has value

Der GRIN Verlag publiziert seit 1998 wissenschaftliche Arbeiten von Studenten, Hochschullehrern und anderen Akademikern als eBook und gedrucktes Buch. Die Verlagswebsite www.grin.com ist die ideale Plattform zur Veröffentlichung von Hausarbeiten, Abschlussarbeiten, wissenschaftlichen Aufsätzen, Dissertationen und Fachbüchern.

Besuchen Sie uns im Internet:

http://www.grin.com/

http://www.facebook.com/grincom

http://www.twitter.com/grin_com

Universität Karlsruhe

Institut für Geographie und Geoökologie I

Hauptseminar Arten-, Natur- und Landschaftsschutz

Wintersemester 2006/2007

Das Konzept der Biosphärenreservate
Theorie und Praxis

Benjamin Kober

LA Geographie/Germanistik

7. Semester

Inhalt:

1. Einleitung

Die folgende Ausarbeitung beschäftigt sich mit dem Thema „Das Konzept der Biosphärenreservate. Theorie und Praxis". Zu Beginn steht die Definition für Biosphärenreservate, damit klar ist, um was es sich bei diesem Begriff handelt. Anschließend wird der Aufbau der Biosphärenreservate erläutert. Als nächstes wird das Programm „Der Mensch und die Biosphäre" vorgestellt, wobei auf die Entstehung und Ziele näher eingegangen wird. Es folgt die Vorstellung des Weltnetzes der Biosphärenreservate und die Erläuterung wie der Vorgang der Aufnahme in das Netz vonstatten geht. Das nächste Kapitel beschäftigt sich dann mit den Biosphärenreservaten in Deutschland, wobei ein kurzer Einblick darüber gegeben wird, welche verschiedenen Projekte in den unterschiedlichen Reservaten laufen. Im siebten Kapitel wird dann das Biosphärenreservat Pfälzerwald als Beispiel für die Umsetzung des Konzepts vorgestellt. Hier wird unter anderem auch im Detail vorgestellt wie die Zielsetzung aussieht und welche Maßnahmen zu deren Umsetzung ergriffen worden sind.

2. Definition

„Biosphärenreservate sind großflächige, repräsentative Ausschnitte von Natur- und Kulturlandschaften. Sie gliedern sich abgestuft nach dem Einfluss menschlicher Tätigkeit in eine Kernzone, eine Pflegezone und eine Entwicklungszone, die gegebenenfalls eine Regenerationszone enthalten kann. Der überwiegende Teil der Fläche des Biosphärenreservats soll rechtlich geschützt sein. In Biosphären-reservaten werden – gemeinsam mit den hier lebenden und wirtschaftenden Menschen - beispielhafte Konzepte zu Schutz, Pflege und Entwicklung erarbeitet und umgesetzt. Biosphären reservate dienen zugleich der Erforschung von Mensch-Umwelt-Beziehungen, der ökologischen Umweltbeobachtung und der Umweltbildung. Sie werden von der UNESCO im Rahmen des Programms „Der Mensch und die Biosphäre" anerkannt". (Erdmann/Frommberger 1999)

3. Aufbau von Biosphärenreservaten

Biosphärenreservate sind als raumordnerischer Ansatz zu sehen und werden auch von der UNESCO so verstanden. Er soll funktional sehr unterschiedliche Landschaftsteile in einem Grundkonzept zusammenfassen. Um zu gewährleisten, dass die Teile ihre Schutz-, Pflege- und Entwicklungsaufgaben erfüllen können, sieht die UNESCO eine räumliche Gliederung der Biosphärenreservate vor (Siehe Abb.1). Die Zonierung erfolgt nach den örtlichen Gegebenheiten und umfasst drei Flächenkategorien. Abgestuft nach der Intensität menschlicher Tätigkeiten unterscheidet man zwischen drei Bereichen mit unterschiedlichen Aufgabenschwerpunkten. (Erdmann/Frommberger 1999)

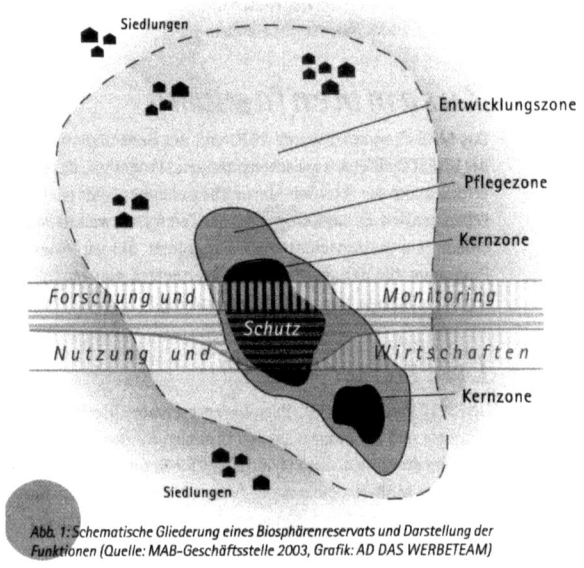

Abb. 1: Schematische Gliederung eines Biosphärenreservats und Darstellung der Funktionen (Quelle: MAB-Geschäftsstelle 2003, Grafik: AD DAS WERBETEAM)

Abb.1: Aufbau eines Biosphärenreservats. Aus: Deutsches MAB-Nationalkomitee (Hrsg.): Voller Leben. UNESCO-Biosphärenreservate – Modellregionen für eine Nachhaltige Entwicklung.2004. S. 11.

Kernzone (core area):

Hier kann sich die Natur möglichst unbeeinflusst entwickeln. Ziel ist es die menschliche Nutzung aus der Kernzone auszuschließen. Sie soll groß genug sein, um die Dynamik ökosystemarer Prozesse zu ermöglichen. Sie kann auch aus mehreren Teilflächen bestehen.

Der Schutz natürlicher und naturnaher Ökosysteme steht im Vordergrund. Forschungsaktivitäten und Umweltbeobachtung müssen hier so durchgeführt werden, dass die Ökosysteme nicht gestört werden. (Erdmann/Frommberger 1999) Das Betreten der Kernzone ist in der Regel nur zu Zwecken der Forschung und des Monitorings erlaubt. (Deutsches MAB-Nationalkomitee 2004) Weiterhin muss die Kernzone als Nationalpark oder Naturschutzgebiet rechtlich geschützt sein. Sie muss außerdem mindestens 3% der Gesamtfläche, unabhängig von politischen Grenzen, einnehmen. (Erdmann/Frommberger 1999)

Pflegezone (buffer zone):

Aufgabe der Pflegezone ist Erhaltung und die Pflege von Ökosystemen, die durch menschliche Nutzung entstanden sind oder beeinflusst werden. Weiterhin soll sie die Kernzone vor Beeinträchtigungen von außen abschirmen. Das Ziel der Pflegezone ist es, Kulturlandschaften zu erhalten, die ein breites Angebot verschiedener Lebensräume für eine große Anzahl von naturraumtypischen Tier- und Pflanzenarten umfassen. Erreicht werden soll dieses Ziel vor allem durch Landschaftspflege. In der Pflegezone werden Struktur und Funktion von Ökosystemen und des Naturhaushaltes untersucht, sowie ökologische Umweltbeobachtungen durchgeführt. (Erdmann/Frommberger 1999) Es werden Einflüsse zugelassen, die mit ökologischen Ansprüchen vereinbar sind, wie zum Beispiel Umwelterziehung, Erholung, Ökotourismus und ökologischer Landbau. (Deutsches MAB-Nationalkomitee 2004) Auch die Pflegezone soll als Nationalpark oder Naturschutzgebiet rechtlich geschützt sein. Die Pflegezone soll mindestens 10% der Gesamtfläche umschließen. (Erdmann/Frommberger 1999)

Entwicklungszone (transition zone):

Die Entwicklungszone ist Lebens-, Wirtschafts- und Erholungsraum der Bevölkerung innerhalb eines Biosphärenreservats. Das Ziel, das in ihr verfolgt wird, ist die Entwicklung einer Wirtschaftsweise, die den Ansprüchen des Menschen und der Natur in gleichem Maße gerecht wird. Durch eine sozialverträgliche Erzeugung und Vermarktung umweltgerechter Produkte soll eine nachhaltige Entwicklung gefördert werden. In der Entwicklungszone prägen vor allem nachhaltige Nutzungen das naturraumtypische Landschaftsbild. Hierin liegt das Potential für einen natur- und sozialverträglichen Tourismus. In der Entwicklungszone werden vor allem Mensch-Natur-Beziehungen erforscht. Außerdem werden Struktur und Funktion von

5

Ökosystemen und des Naturhaushalts untersucht und ökologische Umweltbeo-bachtungen, sowie Maßnahmen zur Natur- und Umweltbildung durchgeführt. Schwerwiegend beeinträchtigte Gebiete können als Regenerationszonen aufgenommen werden. In ihnen liegt der Schwerpunkt der durchgeführten Maßnahmen dann auf der Behebung von Landschaftsschäden. Diese Gebiete sollen rechtlich geschützt werden. Die Entwicklungszone muss insgesamt mindestens 50% der Fläche ausmachen. (Erdmann/Frommberger 1999)

Die Zonierung eines Biosphärenreservats stellt keine Wertigkeit dar. Vielmehr hat jede Zone eigene Aufgaben, die in den jeweiligen Bezeichnungen zum Ausdruck kommen. Die Flächenanteile der Zonen können sich in den verschiedenen Biosphärenreservaten Europas deutlich voneinander unterscheiden, was an der Vielgestaltigkeit der mitteleuropäischen Kulturlandschaften liegt. (Erdmann/Frommberger 1999)

4. „Der Mensch und die Biosphäre"

Das Konzept der Biosphärenreservate ist von der UNESCO im Programm „Der Mensch und die Biosphäre" verankert.

4.1 Entstehung des Programms

Als eine der ersten Organisationen erkannte die UNESCO (United Nations Educational, Scientific and Cultural Organisation) in den 60er Jahren, dass die Umweltpolitik eine globale Herausforderung ist. Sie berief deshalb im Jahr 1968 die „Zwischenstaatliche Sachverständigenkonferenz über die wissenschaftlichen Grundlagen für eine rationale Nutzung und Erhaltung des Potentials der Biosphäre" in Paris ein. Diese internationale Konferenz wurde unter dem Namen „Biosphärenkonferenz" bekannt. An der Konferenz beteiligt waren zusätzlich noch die United Nations Organization (UNO), die Food and Agriculture Organization of the United Nation (FAO), die World Health Organization (WHO), die International Union for Conservation of Nature and Natural Resources (IUCN) und das International Biological Programme (IBO) beteiligt. Das Ziel der Konferenz war es, „den Stand der wissenschaftlichen Erkenntnisse über das Naturpotenzial und dessen Wechselwirkungen mit der mit der menschlichen Gesellschaft zu beurteilen und festzustellen, in welchem Maße Daten und Methoden vorhanden oder noch zu erarbeiten sind, um die notwendige Nutzung des Naturraumpotenzials bei gleichzeitiger Erhaltung rational vornehmen zu können". Die Beiträge der Konferenz machten die besorgniserregende Zunahme von Umweltproblemen deutlich. Am Ende der Tagung stand die Empfehlung zur Einrichtung eines zwischenstaatlichen Programms zu globalen ökologischen Fragestellungen. Bei der UNESCO-Generalversammlung am 23.10.1970 wurde dann das Programm „Der Mensch und die Biosphäre" ins Leben gerufen. Das neue Programm baute auf die Erfahrungen des naturwissenschaftlichen Vorläuferprogramms „International Biological Programme" auf. (Ständige Arbeitsgruppe der Biosphärenreservate in Deutschland 1995)

4.2 Ziele des Programms

Das MAB-Programm soll dem Schutz der natürlichen Ressourcen dienen, gleichzeitig aber auch eine nachhaltige, sorgsame Bewirtschaftung der Biosphäre ermöglichen. Um diese Vorgaben zu erfüllen bedarf es einer Vielzahl verschiedener Teilziele. Diese sind im Einzelnen :

- Die Feststellung und Beurteilung der Veränderungen in Ökosystemen, die sich durch Aktivitäten des Menschen ergeben, sowie die Auswirkungen dieser Veränderungen
- Die Erforschung und der Vergleich von Strukturen, Funktion und Dynamik natürlicher, naturnaher, forstlich-agrarischer und Techno-Ökosysteme
- Die Erforschung und der Vergleich der dynamischen wechselseitigen Beziehungen zwischen natürlichen Ökosystemen und sozioökonomischen Prozessen, vor Allem die Auswirkungen von Schwankungen in der Bevölkerungszahl und Veränderungen in den Siedlungsformen und der Technik auf die zukünftige Lebensfähigkeit der Ökosysteme
- Die Ausarbeitung wissenschaftlich fundierter Kriterien als Grundlage für eine nachhaltige Bewirtschaftung der natürlichen Ressourcen
- Die Ausarbeitung von Standardmethoden für Erhebung und Auswertung von Umweltdaten
- Entwicklung von Szenario- und Prognosetechniken als Hilfsmittel für eine nachhaltige Bewirtschaftung der BiosphäreDie Förderung der Umweltbildung
- Die Verbreitung des Gedankens: „Der Mensch ist für sein Handeln in Natur und Umwelt verantwortlich und findet seine persönliche Erfüllung in Partnerschaft mit der Natur."

(Ständige Arbeitsgruppe der Biosphärenreservate in Deutschland 1995)

5. Weltnetz der Biosphärenreservate

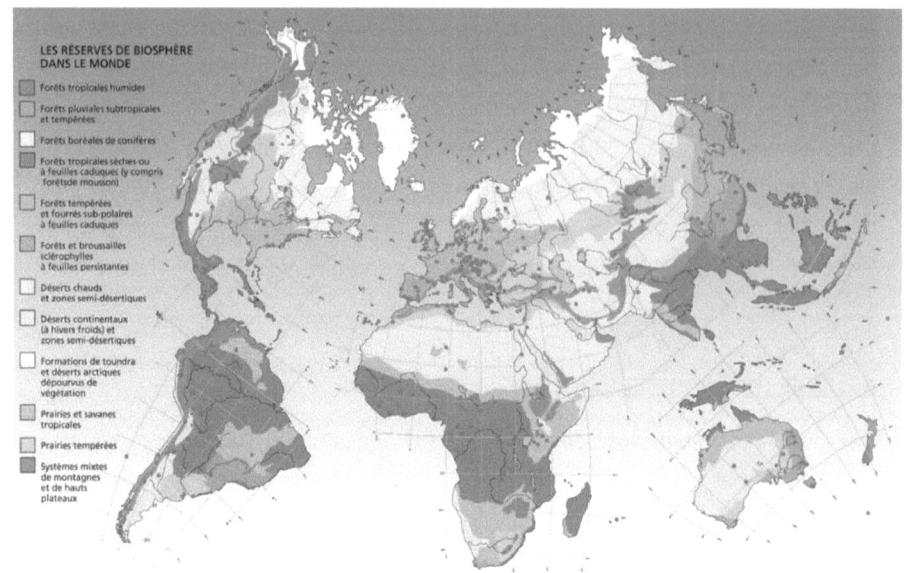

Abb.2: Weltnetz der Biosphärenreservate. Aus: Deutsches MAB-Nationalkomitee (Hrsg.): Voller Leben. UNESCO-Biosphärenreservate – Modellregionen für eine Nachhaltige Entwicklung. 2004. S.12-13.

5.1 Umfang und Aufgabe

Biosphärenreservate sind das Hauptinstrument des UNESCO-Programms „Der Mensch und die Biosphäre". 140 von den insgesamt 189 Mitgliedsstaaten der UNESCO arbeiten im MAB-Programm mit. Mittlerweile sind in 97 dieser Staaten insgesamt 440 Gebiete als Biosphärenreservate ausgewiesen. Die Größe der Gebiete ist ganz unterschiedlich, sie reicht von wenigen hundert bis zu Millionen von Hektar. International gültige Leitlinien verknüpfen die Vielzahl von Einzelgebieten zu einem weltumspannenden Netz, dem „Weltnetz der Biosphärenreservate" oder auch „World Network of Biosphere Reserves". Die Leitlinien wurden im Jahr 1995 von der UNESCO-Generalkonferenz verabschiedet und bilden seitdem die Rechtsgrundlage der Biosphärenreservate. Sie sind jedoch nicht rechtlich verbindlich. Es gilt das Prinzip der Freiwilligkeit der Mitarbeit. Das heißt, wenn die Staaten in dem Programm mitarbeiten wollen, müssen sie sich den Kriterien und Leitlinien des MAB-Programms unterstellen. Dieses System stellt die grundlegende Voraussetzung für die internationale Zusammenarbeit dar. (Deutsches MAB-Nationalkomitee 2003) Das Weltnetz der Biosphärenreservate stellt für die internationale Gemeinschaft ein ideales Instrument zur Umsetzung des Übereinkommens über die Biologische Vielfalt (CBD) auf internationaler Ebene dar. Die Ziele der CBD sind der Schutz der biologischen Vielfalt, ihre nachhaltige Nutzung und die gerechte Aufteilung der Vorteile aus ihrer Nutzung. (Deutsches MAB-Nationalkomitee 2003) In den Leitlinien haben sich die Mitgliedstaaten auf eine periodische Kontrolle der Funktionalität der Biosphärenreservate geeinigt. Alle zehn Jahre wird der Zustand jedes Biosphärenreservats bewertet. Dies geschieht durch ein unabhängiges Expertengremium, das sich an den Kriterien der Leitlinien und der jeweils individuell gesteckten Ziele orientiert. Abhängig davon werden Empfehlungen und Verbesserungsvorschläge erarbeitet, die die Staaten dabei unterstützen sollen, die Biosphärenreservate fortzuentwickeln. Werden die Kriterien dauerhaft nicht eingehalten und ausgesprochene Empfehlungen nicht umgesetzt ist ein Aberkennungsverfahren für das Gebiet vorgesehen, d.h. es kann den Status eines Biosphärenreservats verlieren. Ein Beispiel für solch ein Aberkennungsverfahren ist Spitzbergen. Norwegen hat das Prädikat UNESCO-Biosphärenreservat zurückgegeben, weil dort keine Bevölkerung ansässig war. Ein Biosphärenreservat soll eine Modell-Region für nachhaltige Entwicklung sein und das war in Spitzbergen nicht sinnvoll. (Deutsches MAB-Nationalkomitee 2003)

5.2 Anerkennung als Biosphärenreservat

Für das Verfahren der Anerkennung als Biosphärenreservate liegen feste Leitlinien vor. Das Anerkennungsverfahren läuft wie folgt ab: Zuerst nominiert ein Staat ein Gebiet als Biosphärenreservat. Anschließend bewertet das Beratungskomitee für Biosphärenreservate, das aus 12 vom Generaldirektor der UNESCO berufenen Experten besteht, den Antrag und spricht eine Empfehlung für den Internationalen Koordinationsrat des MAB-Programms aus. Im dritten Schritt entscheidet dann der internationale Koordinationsrat, bestehend aus von der UNESCO-Generalversammlung gewählten Staaten, über die Aufnahme des betreffenden Gebiets in das Weltnetz der Biosphärenreservate.
(Deutsches MAB-Nationalkomitee 2003)

6. Biosphärenreservate in Deutschland

Abb.3: Biosphärenreservate in Deutschland. Quelle: http://www.bfn.de/0308_dtschbios.html.

In Deutschland gibt es 14 anerkannte Biosphärenreservate (siehe Abb.3). Sie umfassen 4,3% des Bundesgebietes.

6.1 Kennzeichen

Die derzeit von der UNESCO in Deutschland anerkannten Biosphärenreservate erfüllen allesamt eine Vielzahl verschiedener Kriterien. Sie zeichnen sich aus durch:

- eine hochwertige Naturausstattung, insbesondere mit naturnahen bis natürlichen Lebensgemeinschaften, weshalb einige Biosphärenreservate auch zugleich als Naturparks angesehen sind
- ausgedehnte Areale mit halbnatürlichen Lebensgemeinschaften, wie zum Beispiel Magerrasen, Feuchtwiesen und Streuobstwiesen, die durch extensive Nutzung entstanden sind
- das Vorkommen seltener und bedrohter Pflanzen- und Tierarten, was ihnen die Bedeutung eines Refugialraums zukommen lässt

- intakte und attraktive Landschaftsbilder der Natur- und Kulturlandschaft, welche vor allem für Erholung und Tourismus von besonderem Wert sind
- große Bedeutung als Lebens- und Wirtschaftsraum der dort ansässigen Menschen

Die deutschen Biosphärenreservate haben sich zuerst sehr unterschiedlich entwickelt. Um eine gleichgerichtete Entwicklung zu gewährleisten wurde die „Ständige Arbeitsgruppe der Biosphärenreservate in Deutschland" (AGBR) ins Leben gerufen. Sie besteht aus den Verwaltungen aller deutschen Biosphärenreservate. Die AGBR hat aufbauend auf den Beschlüssen der UNESCO Leitlinien für Schutz, Pflege und Entwicklung der Biosphärenreservate in Deutschland erarbeitet. Diese Leitlinien sollen zum einen die Ziele, die die UNESCO mit ihren Biosphären-reservaten anstrebt, für die Situation in Deutschland konkretisieren und zum anderen die individuellen Vorgaben für die Entwicklung jedes Biosphärenreservats aufzeigen. (Erdmann/Frommberger 1999)

6.2 Aufgaben und Ziele

Die Aufgaben der Biosphärenreservate haben sich im Laufe der Zeit von einer internationalen Schutzgebietskategorie zu einem Modellkonzept für eine dauerhaft naturgerechte Entwicklung geändert. Als Folge dieser Entwicklung wurde den Reservaten die Funktion eines zentralen Umsetzungselements zugewiesen, dessen Ziel es ist, optimale Rahmenbedingungen für eine differenzierte, an regionalen ökologischen, ökonomischen und soziokulturellen Entwicklung zu entwickeln. Es sollen, gemeinsam mit den ansässigen Menschen, neue Ansätze zu Naturschutz und Landschaftspflege entwickelt werden, getestet und etabliert werden, um so den Schutz des Naturhaushalts und die Entwicklung der Landschaft als Lebens- und Wirtschaftsraum des Menschen dauerhaft miteinander zu verbinden. Es ist gleichzeitig auch die Aufgabe, in den Biosphärenreservaten Verfahrensweisen zu entwickeln, wie die im kleinen Rahmen gewonnenen Erkenntnisse auf größere, von der Ausstattung her ähnliche Räume übertragen werden können. (Erdmann/Frommberger 1999)

6.3 Projekte in verschiedenen Biosphärenreservaten

In den Biosphärenreservaten in Deutschland laufen eine Vielzahl verschiedener Projekte, die sich auf ganz verschiedene Bereiche ausdehnen. Im Biosphären-reservat Niedersächsisches Wattenmeer steht der Schutz des Naturhaushaltes im

Vordergrund. Es geht hier um die Erhaltung einer der letzten großräumigen Naturlandschaften Deutschlands. Im Biosphärenreservat Schorfheide-Chorin läuft ein Projekt zum Schutz und zur Erhaltung der genetischen Ressourcen bei Kulturpflanzen. Es soll die Arten- und Sortenvielfalt gefördert werden. Das Biosphärenreservat Vessertal-Thüringer Wald legt dem Schwerpunkt der Forschung auf die Forstwirtschaft, es wird eine nachhaltige Waldnutzung angestrebt. Gleich zwei Projekte laufen im Biosphärenreservat Rhön. Im Bereich des Handels soll die Vermarktung naturraumtypischer Produkte voran getrieben werden, , im Bereich der Grünlandwirtschaft soll ein Konzept für die extensive Landwirtschaft entwickelt werden. Auch Im Biosphärenreservat Flusslandschaft Elbe finden Untersuchungen im Bereich der Landwirtschaft, genauer beim Ackerbau, statt. Das Biosphärenreservat Schleswig-Holsteinisches Wattenmeer konzentriert seine Forschung auf die Küstenfischerei und den naturverträglichen Miesmuschelfang. Im Biosphärenreservat Oberlausitzer Heide- und Teichlandschaft läuft ein Projekt in der Teichwirtschaft, hier sollen Karpfenzucht und Gewässerschutz miteinander vereinbar gemacht werden. Auf dem Tourismus, nämlich den Seebädern, liegt der Schwerpunkt im Biosphärenreservat Südost-Rügen. Im Biosphärenreservat Bayerischer Wald wird an einem Verkehrskonzept gearbeitet, dessen Ziel ein Sozial- und umweltverträglicher öffentlicher Personennahverkehr ist. Ein Projekt, bei dem der Mensch im Mittelpunkt steht, läuft im Biosphärenreservat Pfälzerwald. Hier gibt es einen landwirtschaftlichen Betrieb, auf dem die Integration behinderter Menschen im Mittelpunkt steht. Auch im Biosphärenreservat Hamburgisches Wattenmeer läuft ein Projekt, bei dem der Mensch im Mittelpunkt steht. Es werden hier pädagogische Schwerpunkte zur Naturbildung erarbeitet. (Erdmann/Frommberger 1999)

7. Biosphärenreservat „Pfälzerwald"

7.1 Zahlen und Fakten

Das Biosphärenreservat Pfälzerwald liegt im Südwesten Deutschlands und im Süden des Landes Rheinland-Pfalz. Es bedeckt eine Fläche von 179 800 ha und ist somit eines der größten Biosphärenreservate Deutschlands. Es erstreckt sich von Nord nach Süd über rund 60 km und von West nach Ost über 30 bis 40 km. Die Südgrenze des Biosphärenreservats ist gleichzeitig auch die Grenze zu Frankreich. Dort schließt sich das Biosphärenreservat Nordvogesen direkt an. (Ständige

Arbeitsgruppe der Biosphärenreservate in Deutschland 1995) Zusammen mit den Nordvogesen bildet der Pfälzerwald seit 1998 das erste grenzüberschreitende Biosphärenreservat Europas. (Klingele 2005) Die landschaftliche Eigenart des Pfälzerwaldes wird hauptsächlich von den ausgedehnten Waldungen, dem Mittelgebirgscharakter und dem anstehenden Buntsandstein geprägt. Besonderheiten sind der sehr hohe Waldanteil (75%) und die relativ geringe Bevölkerungsdichte. Die wenigen größeren Orte konzentrieren sich entlang weniger Verkehrsgassen. Das Biosphärenreservat hat eine wichtige Ausgleichsfunktion für die stark belasteten und hochverdichteten Ballungsräume Karlsruhe und Rhein-Neckar. Der Pfälzerwald, der dem Biosphärenreservat den Namen gibt, ist das größte zusammenhängende Waldgebiet Deutschlands. (Ständige Arbeitsgruppe der Biosphärenreservate in Deutschland 1995) Die am meisten vorkommenden Baumarten sind die Kiefer und die Buche. Außerdem findet man im südlichen und mittleren Pfälzerwald größere Eichenbestände, die zusammen mit der Buche die natürliche Waldgesellschaft bilden. Die Wälder des Biosphärenreservats haben verschiedene Eigentümer: 70% gehören dem Staat, 20% sind Kommunalwälder und nur 10% sind Privatwald. (Klingele 2005)

Träger des Biosphärenreservats Pfälzerwald ist der Verein „Naturpark Pfälzerwald e.V.". Finanziert wird der Verein durch den Bezirksverband Pfalz und die Städte und die Landkreise, welche im Gebiet des Biosphärenreservats bzw. Naturparks liegen. Sie finanzieren dessen Ausgaben zu 95%. Weitere Geldgeber sind das Land, das einen institutionellen Zuschuss gibt und bei der Finanzierung bestimmter Projekte einspringt, sowie Tourismus- und Naturschutzverbände. (Klingele 2005)

7.2 Einteilung des Biosphärenreservats

Die Einteilung des Biosphärenreservats ist identisch mit der des Naturparks Pfälzerwald.

Kernzone:

Die Kernzone erstreckt sich über 0,8% der Fläche des Biosphärenreservats und setzt sich aus 15 Teilgebieten zusammen. Einige dieser Teilgebiete sind zu Naturwaldzellen ernannt, d.h. in ihnen ist jeder menschliche Eingriff untersagt. Sie wurden Anfang der 60er angelegt und haben sich so entwickelt, dass sie heute schon in Teilbereichen einen urwaldähnlichen Charakter zurückgewonnen haben.

Die restlichen Teilbereiche beinhalten neben Wald brachgefallene Wiesentäler und stehende Gewässer mit Verlandungsbereichen. Sie sind als Naturschutzgebiete ausgewiesen. Menschliche Eingriffe beschränken sich in diesen Teilen auf Pflegemaßnahmen zur Erhaltung bestimmter Biotoptypen.

Pflegezone:
Die Pflegezone umfasst mit 28,9% der Gesamtfläche fast den gesamten Südteil des Pfälzerwaldes einschließlich des Wasgau und schließt direkt an die Pflegezone des Biosphärenreservats Nordvogesen an. Ihre Aufgabe ist die Abschirmung der Schutzzonen und die Erhaltung und Pflege der naturraumtypischen Vielfalt an Ökosystemen. Hier findet man hauptsächlich Wälder, es kommen jedoch auch Wiesen, Feuchtwiesen und Wiesenbrachen vor. Auf ihnen findet man viele künstlich angelegte Weiher. Diese dienten früher als Fischweiher, sind heute jedoch zunehmend verlandet und beheimaten als dystrophe Gewässer eine einzigartige Flora und Fauna.

Entwicklungszone:
Sie nimmt 70,8% der Gesamtfläche ein. Zu ihr gehören der nördliche und mittlere Pfälzerwald, sowie die Weinstraße. Hier sind alle Nutzungen unzulässig, die den Charakter als großflächige Natur- und Erholungslandschaft beeinträchtigen. Ziel der Maßnahmen in der Entwicklungszone ist die Erhaltung und Weiterentwicklung nachhaltiger Landnutzungsformen, um das über Jahrhunderte gewachsene Landschaftsbild zu erhalten.
(Ständige Arbeitsgruppe der Biosphärenreservate in Deutschland 1995)

7.3 Entwicklung

Die Entwicklung des Biosphärenreservats Pfälzerwald begann im Jahr 1958 als der Pfälzerwald als Naturpark ausgewiesen wurde. So wurde er vor Übererschließung und ungeregelter Erholungsnutzung geschützt, denn der Pfälzerwald wurde schon seit Beginn des 20. Jahrhunderts für die Erholung genutzt und mit einem dichten Netz an erholungsbezogener Infrastruktur ausgestattet. Ende der 70er Jahre wurden dann mit Gründung des Vereins „Naturpark Pfälzerwald" die Aspekte Schutz, Pflege und Entwicklung naturbetonter Ökosysteme in die Zielsetzung aufgenommen.

Im Jahr 1983 wurde die Geschäftsstelle des Vereins „Naturpark Pfälzerwald" in Bad Dürkheim eröffnet. Sie sollte helfen die im Biosphärenreservat angestrebten Ziele umzusetzen. Der Schwerpunkt der Aktivitäten wurde auf Maßnahmen zur Entwicklung und Pflege der Ökosysteme, des Landschaftsbilds und des Naturhaushaltes gelegt, um die Vielfalt der Kulturlandschaft und ihrer Ökosysteme aufrecht zu erhalten, um so weiterhin langfristig als Grundlage des Naturerlebnisses für die Besucher zu dienen. (Ständige Arbeitsgruppe der Biosphärenreservate in Deutschland 1995) Es gab erste Überlegungen bei den Trägern der Naturparks Pfälzer Wald und des Parc naturel régional des Vosges du Nord, deutsche und französische Wanderwege grenzüberschreitend zu verbinden und entsprechend auszuweisen. Im Jahr 1989 erfolgte die Anerkennung des regionalen Naturparks Nordvogesen als Biosphärenreservat durch die UNESCO. Am 10.November 1992 erfolgte dann die Anerkennung des Pfälzerwalds als Biosphärenreservat durch die UNESCO. Im Jahr 1996 kam es zur Unterzeichnung einer Vereinbarung zur Schaffung eines grenzüberschreitenden Biosphärenreservates Pfälzerwald-Vosges du Nord. 1998 erfolgte schließlich die Anerkennung des Biosphärenreservates Pfälzerwald-Vosges du Nord durch die UNESCO als grenzüberschreitendes Biosphärenreservat. (Ständige Arbeitsgruppe der Biosphärenreservate in Deutschland 1995)

7.4 Forschung und ökologische Umweltbeobachtung

Im Biosphärenreservat Pfälzerwald ist es wichtig eine genaue Kenntnis der natürlichen Grundlagen und ihrer Dynamik zu haben, um die menschlichen Einflüsse auf den Naturhaushalt abschätzen zu können. Darauf aufbauend können Strategien für nachhaltige Nutzung und Entscheidungshilfen für Schutz, Pflege und Entwicklung des Biosphärenreservats entwickelt werden. Die Entwicklung einer nachhaltigen Landnutzung, welche die Kulturlandschaft erhält und gestaltet, macht einen Forschungsansatz notwendig, der über eine sektoral ausgerichtete Forschung überschreitet. Die Forschungsvorhaben müssen umfassend angelegt sein und interdisziplinär bearbeitet werden. Ihre Ergebnisse sollen als Handlungsanleitungen für die Landschaftspflege und den Arten- und Biotopschutz dienen. Sie sollen weiterhin auch Verwendung finden als Bewirtschaftungsrichtlinien für die Landnutzung. Die Schwerpunkte des noch zu erarbeitenden Forschungsprogramms werden wegen der vielfältigen Naturausstattung und der Komplexität der Aufgabenstellung die folgenden sein:

Themen im Bereich der Grundlagenforschung:
- Analyse der hydrobiologischen Qualität der Feuchtgebiete des Pfälzerwaldes, insbesondere der dystrophen Teiche und Folgerungen daraus
- Untersuchungen unterschiedlicher Waldökosysteme bezüglich ihrer Natürlichkeit und ökologischen Wertigkeit
- Erforschung der natürlichen Wechselbeziehungen des Pfälzerwalds mit den umliegenden Naturräumen, vor allem mit der Weinstraße und den Nordvogesen
- Aufnahme der natürlichen Bestände, Erstellung eines Inventars und Fortschreibung desselben in periodischen Abständen
- Untersuchungen zur Populationsdynamik gefährdeter Arten, Beobachtung deren Wanderungsverhalten und Feststellung der benötigten Mindestabstände und Fluchtdistanzen

Schwerpunkte im Bereich der ökologischen Umweltbeobachtung:
- Auswirkungen der Luftschadstoffe auf das Ökosystem Wald
- Auswirkungen des ständig wachsenden Verkehrsaufkommens auf Natur, Landschaft und die entstandene Struktur des Biosphärenreservats
- Auswirkung von Tourismus und Naherholung auf den Naturhaushalt
- - ökologische Auswirkungen der verschiedenen forstlichen Bewirt schaftungsweisen, hierbei vor allem von Kahlschlag und Naturverjüngung
- Auswirkungen der sich weiterentwickelnden Wirtschaftsweisen im Weinbau auf das Landschaftsbild und die Lebensgemeinschaften von Haardtrand und Weinstraße- Untersuchungen zum Rückgang der Landwirtschaft in den Wiesentälern des Pfälzerwaldes
- Untersuchung der Folgen einer intensiveren wasserwirtschaftlichen Nutzung

(Ständige Arbeitsgruppe der Biosphärenreservate in Deutschland 1995)

Von dieser großen Anzahl verschiedener Ziele sind einige von besonderer Wichtigkeit. Eines davon wäre die Untersuchung der Belastbarkeit der Ökosysteme durch verschiedene Erholungsformen. Dies ist vor allem wichtig, um die Besucher des Biosphärenreservats gezielt zu lenken und so empfindliche Bereiche ihrem Einfluss zu entziehen. Es soll ein Modell entwickelt werden, das die Umsetzung eines umwelt- und sozialverträglichen Tourismus möglich macht. Als weitere wichtige Ziele werden die Entwicklung einer nachhaltigen Landnutzung in den Bereichen

Weinbau und Forstwirtschaft angesehen. Auch im Bereich der Wasserwirtschaft wird schwerpunktmäßig gearbeitet, um die Ressource Trinkwasser durch eine intensivere wasserwirtschaftliche Nutzung nicht zu gefährden. Außerdem wird noch großes Augenmerk auf die Pflege bestimmter, typischer Ökosysteme gelegt, wie zum Beispiel den dystrophen Teichen, Feuchtwiesenbrachen und naturnahen Wäldern. (Ständige Arbeitsgruppe der Biosphärenreservate in Deutschland 1995)

7.5 Maßnahmen

Um die Vielzahl der gesteckten Ziele zu erreichen, bedarf es eines umfangreichen Maßnahmen-Katalogs. Hierbei ist zu unterscheiden zwischen Maßnahmen, die der Umweltbildung im Allgemeinen dienen und solchen Maßnahmen, die direkt darauf ausgerichtet sind bestimmte Ziele aus der oben genannten Liste zu erreichen.

Maßnahmen zur Umweltbildung:
Primäres Ziel der Umweltbildung ist die Vermittlung von Themen wie dem Prinzip der Nachhaltigkeit der Nutzungen, der Begrenztheit und Belastbarkeit der Ressourcen sowie der Auswirkungen der Landnutzungen auf verschiedene Ökosysteme, wie zum Beispiel Wald-, Agrar- und Gewässerökosysteme. Außerdem sollen die Vielschichtigkeit von natürlichen Abläufen und die Folgen von Belastungen von Ökosystemen dargelegt, gleichzeitig aber auch Möglichkeiten zu deren Vermeidung aufgezeigt werden. Besuchern des Biosphärenreservats sollen deutlich vor Augen geführt bekommen, dass sie sich in einem ökologisch sensiblen Raum befinden und dementsprechendes Verhalten von ihnen erwartet wird. Die ortsansässige Bevölkerung soll ebenfalls den Wert des Biosphärenreservats vor Augen geführt bekommen. Gerade dieser Punkt ist von großer Bedeutung, da die Bevölkerung, die in dem Gebiet schon lange ansässig ist, gar nicht den Blick für die Wichtigkeit und Schützenswürdigkeit des Gebiets hat. (Ständige Arbeitsgruppe der Biosphären-reservate in Deutschland 1995) Die Maßnahmen zur Umweltbildung im Biosphären-reservat Pfälzerwald sind folgende:

- Motivierung zur Pflege und Entwicklung der Kulturlandschaft einschließlich eines landschaftsgerechten Ortsbildes
- Förderung einer nachhaltigen und standortgerechten Landnutzung
- Förderung des Verständnisses für kulturhistorisch bedeutsame Objekte

(Ständige Arbeitsgruppe der Biosphärenreservate in Deutschland 1995)

Maßnahmen zur Umsetzung der Ziele:

In den vergangenen Jahren stieg die Zahl der Erholungssuchenden im Biosphären-reservat Pfälzerwald immer weiter an. Deshalb ist es das Hauptziel im Biosphärenreservat Pfälzerwald den Naturschutz, bzw. die Landespflege, und die Erholungsnutzung miteinander zu vereinbaren. Es soll weiterhin Naturschutz betrieben werden, ohne die Touristen auszuschließen. Daher wurden vom Verein Naturpark Pfälzerwald Grundsätze und Aufgaben zur Erreichung dieses Ziels erarbeitet. Sie lassen sich in drei Oberkategorien zusammenfassen:

1. Landespflegerische Weiterentwicklung zur Erhaltung des Erholungswerts
2. 2. Vertiefung des allg. Verständnisses des Naturparkgedankens und Informationen über den Naturpark
3. Erhaltung und Pflege des Naturparks einschließlich der bestehenden Einrichtungen(Ständige Arbeitsgruppe der Biosphärenreservate in Deutschland 1995)

Zu Punkt 1 „Landespflegerische Weiterentwicklung zur Erhaltung des Erholungswerts" gehört im Einzelnen:

- Die Aufnahme des natürlichen Bestandes und der vorhandenen Einrichtungen sowie die Fortschreibung der Aufnahme
- Das Finden von Landschaftsschäden und Mitarbeit bei der Behebung dieser
- Die öffentliche Stellungnahme zu Planungen und Eingriffen in den Bereichen Straßenbau, Gewässerbau usw.
- - Die kritische Auseinandersetzung mit Problemen in den Bereichen der Land-, Forst- und Wasserwirtschaft
- Die Entwicklung eines Programms zum Biotop- und Artenschutz auf der Basis bereits vorhandener Erhebungen und Kartierungen
- Die Förderung des Gedankens eines landschaftsgerechten Ortsbildes

Zu Punkt 2, der „Vertiefung des allgemeinen Verständnisses des Naturparkgedankens und Informationen über den Naturpark", gehören folgende Maßnahmen:

- Das Wecken des Bewusstseins über kulturhistorische Objekte für und Förderung des Verständnisses für sie
- Die Erarbeitung von Informations- und Medienkonzepten, um öffentlichkeitswirksamer zu werden
- Ausbau des Angebots zur Information in Form des Informations- und Forschungszentrums im Pfalzmuseum und die Errichtung weiterer Informationsstellen

Zu Punkt 3 des Maßnahmenkatalogs,

- „Erhaltung und Pflege des Naturparkseinschließlich der bestehenden Einrichtungen" gehören schließlich folgende Punkte:
- Die Ermittlung des Bedarfs an infrastrukturellen Einrichtungen wie Parkplätze und Zeltplätze, sowie an Informationsmitteln wie z.b. Hinweistafeln, Lehrpfaden und Landschaftsweihern
- Die ständige Überprüfung des Bestands und weiteren Bedarfs an Ausstattung inklusive des Wanderwegnetzes

(Ständige Arbeitsgruppe der Biosphärenreservate in Deutschland 1995)

8. Fazit

Abschließend ist zu sagen, dass die Biosphärenreservate eine sinnvolle Einrichtung der UNESCO sind. Sie können maßgeblich zum Schutz von Landschaften und Ökosystemen beitragen. Gut zu bewerten ist auch, dass der Mensch in das System der Biosphärenreservate eingebunden ist, indem Konzepte zur nachhaltigen Nutzung für die Gebiete, die in den Reservaten liegen, entwickelt werden, um so ein optimales Miteinander von Mensch und Natur zu erreichen. Durch das Weltnetz der Biosphärenreservate ist auch gewährleistet, dass schützenswerte Landschaften auch in ärmeren Ländern und Ländern der Dritten Welt konserviert werden können. Schaut man auf die Zielsetzungen der Biosphärenreservate, so erkennt man, dass diese sehr vielseitig sind und ganz verschiedene Schwerpunkte haben. Diese reichen vom Landschaftsschutz über die Etablierung bestimmter Wirtschaftsformen, die Weiterentwicklung verschiedener Wirtschaftsbereiche bis hin zur Erstellung eines pädagogischen Konzepts zur Umweltbildung. Diese vielfältigen Ziele benötigen zwangsläufig eine ganze Reihe von Maßnahmen, die ergriffen werden müssen. Auch bieten die Biosphärenreservate ein breites Betätigungsfeld für verschiedenste Forschungen. Es wäre wünschenswert, wenn das Weltnetz der Biosphärenreservate kontinuierlich ausgebaut würde, da so die Möglichkeit bestünde auf der ganzen Welt schützenswerte Landschaften zu erhalten ohne sie für den Menschen unzugänglich zu machen.

9. Literatur

1. Deutsches MAB-Nationalkomitee (Hrsg.): Voller Leben. UNESCO-
   Biosphärenreservate – Modellregionen für eine Nachhaltige Entwicklung.
   Springer-Verlag, Berlin Heidelberg   2004.

2. Erdmann, Karl-Heinz; Frommberger, Johanna: Neue Naturschutzkonzepte für
   Mensch und Umwelt. Biosphärenreservate in Deutschland. Springer-Verlag,
   Berlin Heidelberg 1999.

3. Erdmann, Karl-Heinz; Nauber Jürgen (Hrsg.): Beiträge zur
   Ökosystemforschung und Umwelterziehung. Bonn 1992.

4. Kipp, Heinrich: UNESCO. Recht, Sittliche Grundlage, Aufgabe. Isar-Verlag,
   München 1957.

5. Klingele, Ilona: Fallstudie Biosphärenreservat Pfälzerwald. Universität
   Freiburg, 2005.

6. Ständige Arbeitsgruppe der Biosphärenreservate in Deutschland (Hrsg.):
   Biosphärenreservate in Deutschland. Leitlinien für Schutz, Pflege und
   Entwicklung. Springer-Verlag, Berlin Heidelberg 1995.